Abel Hernández Muñoz
José Blas Pérez Silva

Fauna de los Cayos de Piedra, Cuba

Abel Hernández Muñoz
José Blas Pérez Silva

Fauna de los Cayos de Piedra, Cuba

Animales silvestres de la cayeria de piedra, centro norte de Cuba

Editorial Académica Española

Imprint
Any brand names and product names mentioned in this book are subject to trademark, brand or patent protection and are trademarks or registered trademarks of their respective holders. The use of brand names, product names, common names, trade names, product descriptions etc. even without a particular marking in this work is in no way to be construed to mean that such names may be regarded as unrestricted in respect of trademark and brand protection legislation and could thus be used by anyone.

Cover image: www.ingimage.com

Publisher:
Editorial Académica Española
is a trademark of
International Book Market Service Ltd., member of OmniScriptum Publishing Group
17 Meldrum Street, Beau Bassin 71504, Mauritius

Printed at: see last page
ISBN: 978-620-0-39126-1

Fauna de los Cayos de Piedra, Yaguajay, Sancti Spíritus, Cuba.

M.Sc. Abel Hernández Muñoz

M.Sc. José Blas Pérez Silva

Sancti Spíritus

2020

ÍNDICE

INTRODUCCIÓN

El archipiélago Sabana-Camagüey es un archipiélago que bordea el tramo centro-norte de la costa atlántica de la isla de Cuba. Se encuentra ubicado frente a la costa norte de las provincias de Matanzas, Villa Clara, Sancti Spíritus, Ciego de Ávila y Camagüey, y limita al norte con el océano Atlántico, específicamente por el canal de Nicolás (segmento Sabana) y el canal Antiguo de Bahamas (segmento de Camagüey).

El archipiélago se desarrolla en dirección general nordeste-suroeste, y se extiende unos 475 kilómetros, desde la península de Hicacos y Varadero a la bahía de Nuevitas. Todo el sistema comprende más de 75.000 km² y se compone de aproximadamente 2.517 cayos e islas. Las islas orientales se agrupan en el archipiélago de los Jardines del Rey, y contiene Cayo Coco, Cayo Guillermo y Cayo Romano, entre otros. Diego Velázquez, el conquistador de Cuba, lo bautizó inicialmente como Jardines del Rey, en homenaje al soberano de España.

Mapa 1. Localización de ASC.

También está bordeado hacia el norte por un muro de corales de unos 400 kilómetros de largo, sólo superado por la Gran Barrera de Coral de Australia. Entre sus cayos hay canales o "pasas", cuyo origen se debe a antiguos cauces de ríos que al ascender el nivel del mar por el último deshielo, hace millones de años, quedaron sumergidos en parte. De occidente hacia oriente, los cayos van aumentando de tamaño a la altura del territorio avileño de Morón. En esta región se localizan la Isla de Turiguanó y los cayos Coco, Guayabal y Sabinal para formar frente a la costa norte, una especie de litoral exterior que encierra las bahías de Buenavista, de Los Perros y Jigüey. Cayo Romano, con 100 kilómetros de largo por unos ocho de ancho y 800 km2 de superficie, es la mayor ínsula del grupo Sabana-Camagüey, y la tercera después de Cuba y la Isla de la Juventud. Otras formaciones de este archipiélago como Cayo Fragoso, Cayo Francés, Cayo Santa María, Cayo Guillermo y otros, están siendo acondicionados con vista al fomento del turismo internacional.

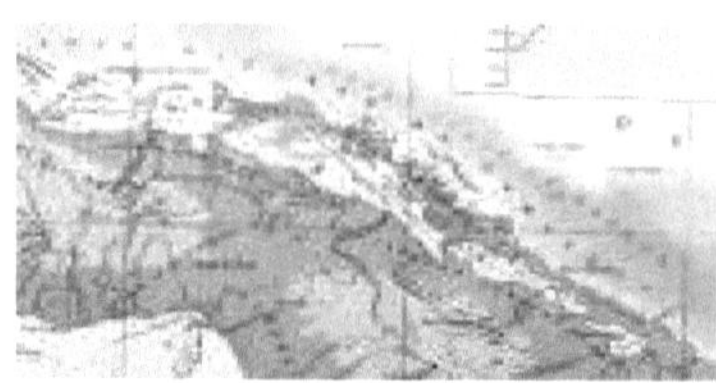

Mapa 2. Aumento progresivo de occidente a oriente del tamaño de las ínsulas del ASC.

Los ecosistemas marinos y costeros representados por el archipiélago están siendo objeto de proyectos de conservación con el apoyo del Global Environment Facility. Los manglares y bosques costeros crean efectivamente una zona de amortiguación entre la costa agrícola y el sensible medio ambiente marino.

El ecosistema Sabana-Camagüey comprende la Área de la Biosfera Bahía de Buena Vista, el Parque Nacional Caguanes, así como los humedales del norte de la provincia de Ciego de Ávila. Se encuentran en esta zona un total de 35 espacios protegidos.

El Archipiélago Sabana Camagüey comprende una extensa región insular que abarca desde el litoral norte la actual provincia de Matanzas hasta la de Camaguey. Está integrado por una multitud de isletas que en su mayoría poseen constitución por depósitos marinos (dunas de arena) y biogena acumulativa (manglares) o se han formado por la combinación de ambas génesis, pero en este contexto general destacan Los Cayos de Piedra, una singular cayería en la que predominan las colinas tectónicas de origen cárstico residual al que se han adicionado con posterioridad los componentes arenoso y de manglar. Su antigüedad que data del Mioceno (mayor que la del resto del archipiélago), constitución geológica diferente y origen paleogeográfico distinto, presencia de un carso bastante desarrollado con numerosos espeleoaccidentes como: dolinas y cuevas, condicionan que estos cayos funcionen como islas biogeográficas y ecológicas únicas en la trama de todo el archipiélago.

Los Cayos de Piedra se encuentran localizados al norte del municipio de Yaguajay, provincia de Sancti Spiritus, formando parte del Archipiélago Sabana ï Camagüey. Este grupo insular lo integran 11 cayos: Aguada (22^0 27′ 33′′N; 79^0 19′ 20′′W), Lucas (22^0 27′ 04′′N; 79^0 17′ 00′′W), Salinas (22^0 25′ 47′′N; 79^0 14′ 14′′W), Fábrica (22^0 25′ 32′′N; 79^0 12′ 09′′W), Cuevas (22^0 25′ 00′′N; 79^0 10′ 40′′W), Ají (22^0 24′ 51′′N; 79^0 11′ 18′′W), Ajicito (22^0 247′ 39′′N; 79^0 10′ 54′′W), Ermita (22^0 24′ 46′′N; 79^0 10′ 08′′W), Obispo (22^0 24′ 00′′N; 79^0 08′ 57′′W), Palma (22^0 23′ 23′′N; 79^0 06′ 13′′W) y Cayo Caguanes (22^0 23′ 43′′N; 79^0 07′ 42′′W). En su conjunto se encuentran rodeados por la bahía de Buenavista, accidente litoral más importante del norte de la provincia Sancti Spíritus. En el caso de Punta Caguanes, Isla del Medio y Caguanes propiamente dicho, su límite meridional es una franja de llanura acumulativa, cuyos bosques de mangle conforman el humedal de las Guayaberas, en continuo crecimiento a expensas del mar (Fig. 1).

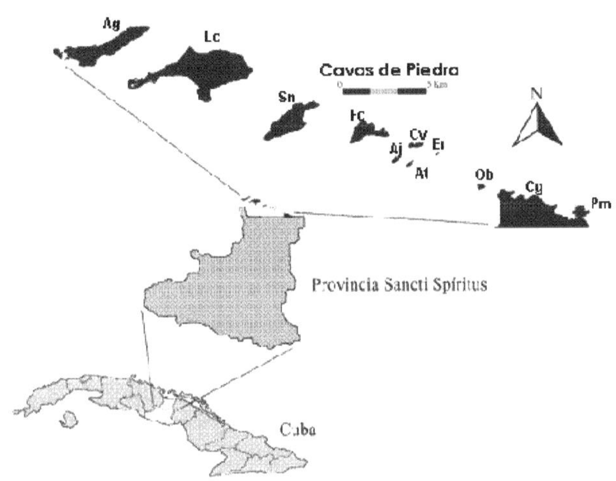

Fig. 1 Ubicación geográfica de los Cayos de Piedra: Aguada (Ag), Lucas (Lc), Salinas (Sn), Fábricas (Fc), Cuevas (Cv), Ají (Aj), Ajicito (At), Ermita (Er), Obispo (Ob), Caguanes (Cg) Palma (Pm).

Fig. 2 Vista del resto de los Cayos de Piedra desde Caguanes.

Las coordenadas fueron extraídas de la lista de la Comisión Nacional de Nombres Geográficos.

ÁREA DE ESTUDIO

El territorio está constituido esencialmente por rocas carbonatadas miocénicas (calizas), que dominan los promontorios colinosos, así como depósitos marinos y biogénicos cuaternarios en las llanuras planas con manglares y saladares. Las alturas máximas y sus extensiones territoriales se presentan en la tabla 1.

Tabla 1 Extensiones territoriales y alturas máximas de cada uno de los cayos.

Cayos	Alturas máximas(msnm)	Área (km^2)
Aguada	- 5	4,00
Lucas	- 5	3,00
Salinas	11- 27	1,00
Fábrica	13 - 14	1,00
Cuevas	13	0,40
Ají	7	0,10
Ajicito	12	0,05
Ermita	12	0,05
Obispo	10	0,15
Caguanes	12, 17 - 23	1,0
Palma	5	0,25

Los procesos exógenos más importantes, por el área que abarcan y por su influencia en el modelado, son el acumulativo (tanto de génesis marina como biogénica), el cársico y el abrasivo. Este último ha originado un mosaico de morfoesculturas litorales en los bordes de las colinas: nichos de abrasión, cuevas marinas, solapas, lapiez litoral, terrazas, entre otras. A su vez, el drenaje y la formación de los suelos han estado fuertemente condicionados por las particularidades de la litología, el relieve y los procesos exógenos actuantes Domínguez *et al.* (2000).

Geología ambiental

El extremo Sur del área, donde afloran las rocas más antiguas, forma un sistema de alturas en el que se identifican diversas Sierras en el relieve de la zona central de Cuba. De modo general se caracteriza por un relieve en cuesta, con una larga y poco inclinada pendiente hacia el Sur y un talud abrupto hacia el norte que marca el límite con la llanura costera. Predominan las rocas carbonatadas, calizas de diversas composiciones, predominantemente blandas y agrietadas, con intercalaciones de rocas terrígenas y un drenaje vertical marcado. Ello ha provocado la formación de suelos rojos, Ferralíticos, buenos para la agricultura en muchas zonas y la existencia de otras áreas donde predominan las superficies cársicas, con el desarrollo de cavernas, diente de perro y dolinas.

Algunas elevaciones cársica han quedado como remanentes de un relieve original, una de ellas presenta una morfología que la identifica en la distancia con una figura humana diablesca, esta característica pintoresca, ha llamado la atención de pobladores, científicos y periodistas. Las dolinas, algunos de cuyos campos se localizan dentro de grandes extensiones de diente de perro, han protegido restos del bosque original, quedando relictos del bosque siempreverde micrófilo que cubría el área cársica al dificultarse su explotación extensiva por el difícil acceso que implica el diente de perro. Este último y los suelos poco evolucionados que se le asocian, conservan restos de un bosque semideciduo con características de xenofilia, dadas por las extremas condiciones de escasez de agua en que se desarrolló.

El predominio del carso superficial y subterráneo, provoca que exista un deficiente drenaje superficial y hay muchos arroyos que se sumergen en esta área, para salir del otro lado, en la llanura costera. En otras áreas se han formado lagunas dentro del carso. Elevaciones como la Sierra de Tasajeras, tienen una gran diversidad de grutas y cuevas que pueden ser de interés espeleológico y de ecoturismo. El talud que flanquea a la llanura norte, ofrece una bella vista hacia esta que puede ser admirada a lo largo de las diversas vías de comunicaciones. Estas rocas por su composición predominantemente carbonatada, son útiles como materiales de construcción. Se debe tener en cuenta esta particularidad como un conflicto a manejar entre el valor ecológico del área y su importancia económica.

La llanura norte de que hablamos, está formada por sedimentos jóvenes, sobre los cuales se han desarrollado suelos generalmente pesados y difíciles de laborar en la agricultura.También poseen un alto grado de gleyzación. Al ser sedimentos de origen marino, que no han sufrido un proceso de lavado posterior, sobre ellos se formaron suelos sin un buen lavado de las sales que los constituyen, lo que provoca que muchos de ellos tengan problemas de pH elevado. Sin embargo, su alto contenido de materia orgánica los hace productivos. El mal drenaje y la riqueza del manto acuífero hacen que ocurran fuertes inundaciones durante el periodo lluvioso.

En los cayos, la existencia de diferentes litologías ha hecho que en algunos de ellos se hayan formado cavernas marinas en las rocas de la formación Güines, una de ellas, la conocida como La Cueva del Barco, permite la entrada de pequeñas embarcaciones.

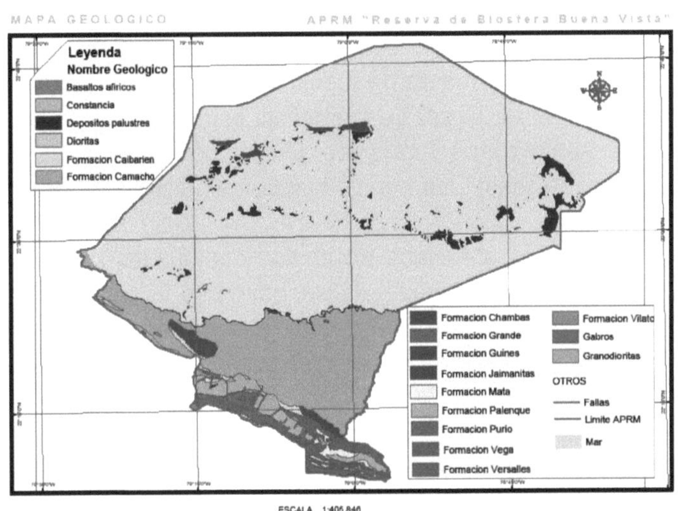

Geomorfología.

En el sector ubicado en la área se puede describir su geomorfología como de cadenas de alturas de dirección sublatitudinal que se distribuyen de manera fragmentaria. Constituye una variante de carso tabular, cubierta de carsolitos, sometidas a procesos de lavado diluvial y presencia de afloramientos de lapiés. Algunas cimas tienen forma cupular y de conos en dirección este, hacia la sierra de Jatibonico predomina la forma de carso con alturas cupulares de paredes escarpadas y de cimas suavemente redondeadas cubiertas de lapiés con casimbas y grietas carsificadas donde se acumula suelo. Es de destacar el valle antecedente fósil del río Jatibonico del Norte, así como el tramo subterráneo de su curso.

Se reporta la existencia de cuatro tipos de llanuras (Llanuras abrasivo-acumulativas, (H = 0-5 m), Llanura abrasivo - carsificadas ligeramente diseccionadas (H = 3-13 m, Llanuras brasivo - carsificadas, planas (H = 0-2 m), Llanuras lacuno - palustres (H = 0,2 m).

El área está constituida por sedimentos cuaternarios (arcillas Bamburanao en tierra firme) en los cuales afloran bloques calcáreos del Mioceno (Formación Güines) de calizas organógenas con intercalaciones de margas, que forman relictos, elevados por la neotectónica y situados en el borde del sinclinal de la Bahía de Buena Vista. Estos bloques han sido modelados en forma de cúpulas carsificadas, en forma de pequeñas colinas que semejan estructuras mogotiformes, motivado esto por una compleja estructura tectónica, así como por fuertes procesos marinos y cársicos. Estas cúpulas calcáreas en el mar conforman cayos que constituyen un tipo único de paisaje en nuestro país.

Se evidencian procesos abrasivos en costas acantiladas por la acción del mar en las grietas estructurales tectónicas, así como la formación de nichos, agudo lapiez costero y otros. Por otra parte, el alto grado de carsificación ha originado numerosas cuevas de origen freático, de formas horizontales, con abundantes dolinas.

El grado de carsificación (superficial y subterráneo) de estas cúpulas calcáreas es muy alto, laberíntico de las galerías no está controlado fundamentalmente por las diaclasas (Nuñez A.1989).

Las cuevas del área son de origen freático, conformando una tipología única para este sector, denominado ñcuevas del tipo Caguanesò Este tipo de cueva tiene un desarrollo horizontal en muchos casos laberíntico. Existe un estrecho control marino (niveles del mar) sobre las aguas freáticas y los pisos de las cuevas presentan varias fases evolutivas. En las fases finales los procesos de dolinización son muy abundantes. Presentan en ocasiones lagos freáticos.

Incluye   áreas de la llanura fluvio - marina en su parte baja con llanuras y terrazas planas, parcialmente cenagosas.

Los fondos marinos son fundamentalmente fangosos por la acumulación de sedimentos.

Clima.

Climáticamente (según Barranco G., Díaz L.R., Nuevo Atlas Nacional) en la región de clima tropical con verano relativamente húmedo. Según Díaz L.R. (Nuevo Atlas Nacional) en la región de llanuras y cayos con humedecimiento insuficiente

Según estudios realizados las precipitaciones medias del período lluvioso para un 25 % de probabilidad (*una vez cada cuatro años*) es de 900ï 1100 *mm* en la porción septentrional de la Área; para la mitad meridional son superiores a los 1100 *mm* y hasta 1200 *mm*. Para una probabilidad del 75 % (*tres veces cada cuatro años*) es de 500 a700 *mm* en la porción septentrional, mientras que para la meridional alcanza hasta los 800 y 900 *mm*.

Las precipitaciones medias en el período poco lluvioso para un 25 % de probabilidad son aproximadamente de 350 *mm* en la mitad septentrional, llegando a alcanzar 400 *mm* en la mitad meridional. Para un 75 % de probabilidad alcanzan de 150 *mm* en la septentrional a 200 *mm* en la meridional. La humedad media anual para el área oscila entre el 78 y el 80%.

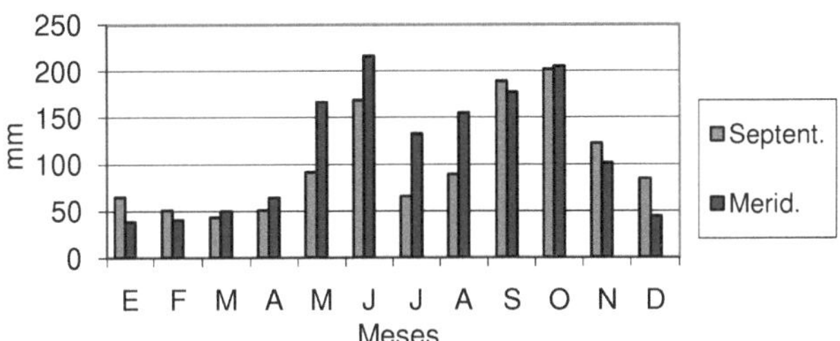

Figura 1. Distribución anual de la lluvia, región septentrional y meridional.

La temperatura media anual oscila entre los 24.5 - 25.5°C con mínimas en enero y febrero, con promedios de 23.2 y 23.0 ºC y máximas en julio y agosto que oscilan alrededor de los 31°C).

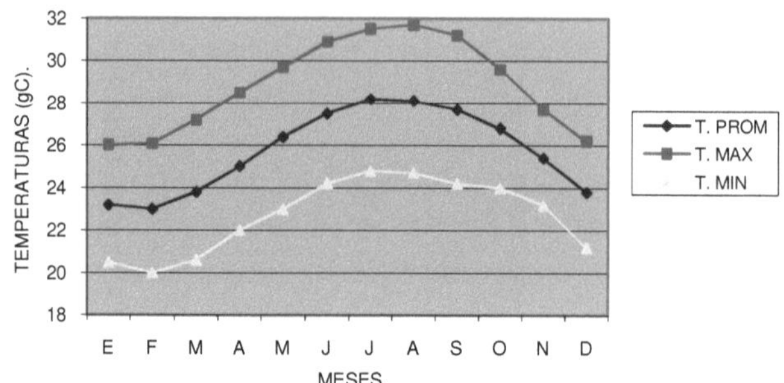

Figura 2. Marcha anual de las temperaturas promedio, máximas y mínimas.

En nuestra área la brisa de mar es reforzada casi siempre por los vientos de la componente general del flujo (*los alisios*) con dirección predominante del Este al Nordeste mientras el terral se manifiesta de forma muy leve. Alcanzan la mayor afectación cuando están asociados a la actividad de los ciclones tropicales, tormentas de verano y frentes fríos. La velocidad media anual de los vientos oscila entre los 8 y 10 km/hora.

Presión atmosférica: la media anual oscila entre los 1018,0 - 1019,0 atmósferas

Según el Mapa de Radiación Global Media anual, Vigón (*1985*), en Lecha et al. (*1987*), los valores máximos de Q (*promedio mensual o anual de suma diaria de radiación global*), se hallan en las zonas costeras de la región que ocupa la Área de la Biosfera Buenavista, con magnitud superior a los 17 MJ/m^2., disminuyendo a medida que nos alejamos de la costa y nos acercamos al parte-agua en la región meridional de la Área, para alcanzar valores entre 16,6 y 16,1 MJ/m^2.

Tabla 1. Comportamiento de la media diaria por meses y diaria anual de la insolación real en la Área de la Biosfera Buenavista.

R	E	F	M	A	M	J	J	A	S	O	N	D	Anual
R2 h/luz	7.4	8.6	9.3	9.5	9.0	8.3	9.3	8.8	8.5	7.7	6.8	6.5	8.3

<u>Leyenda:</u>
R2: Región Septentrional (horas luz)

La nubosidad en la área el número de días despejados es un elemento que tiene su mayor frecuencia de ocurrencia durante el período poco lluvioso del año, con máximos absolutos, generalmente, en marzo y abril. Su distribución espacial disminuye en dirección a la región meridional y con respecto a la costa sur existe menor índice de nubosidad. Específicamente en la franja septentrional de la provincia de Ciego de Ávila perteneciente a la Área, ocurren bajos niveles de nubosidad en esta época del año. En el período lluvioso el número de días nublados tiene su mayor frecuencia, con máximos absolutos, generalmente, en los meses de junio, septiembre y octubre.

Tabla 2. Valores medios mensuales de la rapidez del viento en (*Km/h*) en la zona meridional y septentrional de la Área de la Biosfera Buenavista.

Región	Período	E	F	M	A	M	J	J	A	S	O	N	D
R2	1990-1999	17.6	16.9	18.3	20.4	29.9	13.3	14.9	13.6	12.5	16.2	18.2	18.4

<u>Leyenda:</u>
R2: Región Septentrional

Suelos.

Los suelos de, ïBuenavistaò se agrupan en: Oscuro Plástico Gleyzoso, Humito Margosos, Aluviales, Ferralíticos amarillentos, Ferralíticos Rojos, Ferralítico Rojo Lixivado, Pardos con y sin carbonatos, Rendzina Negra y Roja y Esqueléticos.

Ecosistemas y hábitats relevantes.

Constituyen sitios críticos de la biodiversidad las zonas intensamente carsificadas de los Cayos de Piedra, las colinas adosadas a la isla de Cuba por el manglar de punta Caguanes, Isla del Medio, Caguanes y cayo Palma

Es en este tipo de localidad donde se localizan las cuevas y cavernas freáticas del tipo Caguanes donde a su vez se refugian una variedad de especies hipógeas algunas de ellas troglobios endémicos y por demás muy vulnerables, pertenecientes a varias familias como por ejemplo, los reptiles Majá de Santa María *(Chylabothrus angulifer)*, Lagartija de cresta de Yaguajay *(Anolis jubar yaguajayensis)*, la Iguana cubana *(Cyclura nubila)*, mamíferos como la Jutía Conga *(Capromys pilorides)*, casi todas las especies de murciélagos cavernícolas como el Murciélago de las cuevas calientes *(Phyllonycteris poeyi)*, el Murciélago mariposa *(Nyctiellus lepidus)*, y el Murciélago pescador *(Noctilio leporinus)* y troglobios acuáticos como los de la familia Dreissennidae, específicamente el molusco bivalvo *(Mytilopsis leucophaeata)*.

Diversidad paisajística (paisajes y rasgos naturales significativos).

Según los tipos de paisajes (Mateo J., Nuevo Atlas Nacional) los Cayos de Piedra, Caguanes, Judas y Guayarúes constituyen paisajes no repetidos en el resto del país, con la denominación de Colinas y alturas denudativos cársicas cupulares con matorrales esclerófilos y bosques. En el área del humedal, afloran bloques calcáreos del Mioceno (Formación Güines) de calizas organógenas con intercalaciones de margas, que forman relictos, elevados por la neotectónica y situados en el borde del sinclinal de la Bahía de Buenavista. Estos bloques han sido modelados en forma de cúpulas carsificadas, en forma de pequeñas colinas que semejan estructuras mogotiformes, motivado esto por una compleja estructura tectónica, así como por fuertes procesos marinos y cársicos. Estas cúpulas calcáreas en el mar conforman cayos que constituyen un tipo único de paisaje en nuestro país. Por otra parte, el alto grado de carsificación ha originado numerosas cuevas de origen freático, de formas horizontales, con abundantes dolinas, representándose en más de 79 cuevas.
Destaca por la densidad de cuevas Cayo Caguanes, cuyo sistema cavernario, de 35 cuevas alcanza más de 11 km de galerías en 114 ha de extensión, por lo que este cayo posee uno de los mayores índices de cavernamiento de Cuba. Las cuevas desarrolladas en esta zona constituyen un subtipo genético de las cuevas de origen freático cubanas, el subtipo Caguanes, representativo de aquellas cuevas freáticas abiertas en paisaje alomado donde el desarrollo laberíntico de las galerías no está controlado fundamentalmente por las diaclasas (Nuñez A., 1989).

Vegetación.

Las comunidades vegetales del área de estudio poseen como factores limitantes fundamentales: la litología, la edafología, la influencia del *spray* marino y el régimen hídrico (Hernández *et al.*, 1990).

Los tipos de vegetación que se encuentran en estos territorios (García *et al.*, 2007) son:

El Archipiélago de Sabana-Camagüey (ASC) se puede subdividir en cinco cayerías basadas en sus características geomorfológicas (Núñez-Jiménez, 1982). La primera está conformada por el grupo de pequeños cayos que parecen ser continuación estructural de la península de Hicacos (cayos Mono, Manita y Piedra).

La segunda está compuesta por cayos originados fundamentalmente por arrastres fluviales, y se extiende desde cayos Blancos hasta cayo Fragoso, con un totalde 961 cayos.

La tercera, con 556 cayos, se extiende desde cayo Francés hasta cayo Guillermo.

La cuarta comprende los llamados Cayos de Piedra, que poseen como particularidad la similitud de su estructura geológica con la presente, al norte de la isla de Cuba, y en los que durante la última regresión marina, solo quedaron emergidas las cimas de los cerros, convertidas en la actualidad en isletas. Estas, en total 18, presentan un complicado sistema de cuevas y cavernas de interés arqueológico y lagos de agua dulce.

La quinta cayería, que se extiende a lo largo de 193 km, con un total de 682 cayos, se caracteriza por la presencia de territorios insulares que pueden ser considerados como islas por su tamaño y la presencia de aguas freáticas. Entre estas islas se destacan cayo Romano, Cayo Coco,cayo Sabinal y cayo Guajaba.

En el Archipiélago de Sabana-Camagüey, el conocimiento sobre la vegetación y los componentes florísticos y paisajísticos ha sido deficiente durante mucho tiempo. Los *Atlas de Cuba* (1970, 1978, 1989) solo reportan estas áreas como cubiertas por ciénagas y manglares, sin detallar otras formaciones vegetales, tipos de suelo, geología y unidades de paisaje.

Los trabajos realizados en estos territorios insulares por la ACC-ICGC, durante los años 1989 y 1990, permitieron contar con un primer inventario de la diversidad florística tanto terrestre, como marina, con descripciones de los principales tipos de formaciones vegetales y las particularidades más relevantes de los paisajes y sus modificaciones históricas, acompañadas de mapas temáticos.

Formaciones vegetales presentes en los Cayos de Piedra

La vegetación que se establece en los cayos es variada. La vegetación de manglar con sus diferentes variantes florísticas y fisionómicas es la más extendida en estos territorios insulares. En las llanuras cársicas, que ocupan fundamentalmente la parte central de los cayos de mayor superficie, se desarrollan los bosques semideciduos y los siempreverdes micrófilos. Los bosques semideciduos se encuentran, además, las alturas residuales de los llamados Cayos de Piedra.

Los matorrales costero s están muy bien representados, tanto sobre arena como sobre carso. En los sitios con alto contenido de sal se encuentran las comunidades halófitas, y en los salientes rocosos y franjas de arena se pueden localizar los complejos de vegetación de costa arenosa y costa rocosa. Otros tipos de vegetación menos representadas lo constituyen el bosque de ciénaga, la vegetación de agua dulce y las sabanas estacionalmente inundables. En sitios muy localizados existen plantaciones y cultivos, así como vegetación secundaria asociada a la acción del hombre.

Bosque de manglar

Los manglares están ampliamente distribuidos por la cayería, dada las condiciones de inundación tanto permanente, como temporal y los efectos de mareas que presentan estos territorios insulares, que son mayormente superficies llanas con muy poca altura sobre el nivel del mar. Los manglares ocupan las costas bajas resguardadas y bordean las lagunas costeras detrás de las dunas (Menéndez & Guzmán, 2006).

Una característica importante es que estos bosques de mangle se encuentran en cayos mayormente pequeños, sin influencia de ríos, por lo que dependen de las lluvias y su es correntía, como subsidio de agua dulce. Estas condiciones determinan en gran medida la estructura de los manglares en el área estudiada e influyen en el funcionamiento del ecosistema en general (Cintron & Schaeffer-Novelli, 1983).

Las especies vegetales típicas son las mismas que aparecen en el resto de los manglares cubanos y del Caribe insular: *Rhizophora mangle* (mangle rojo) *Avicennia germinans* (mangle prieto) *Laguncularia racemosa* (patabán) y *Conocarpus erectus* (yana).

Se encuentran diferentes variantes fisonómicas y fíorísticas, según las condiciones ecológicas. Es posible encontrar desde bosques altos tanto mixtos, como con dominancia de alguna especie, en condiciones favorables de salinidad y nutrientes, con árboles de hasta 15 m de altura, hasta manglares achaparrados o enanos, fisionómicamente cercanos a matorrales, que, en algunos sitios, no alcanzan un metro de altura. Los bosques con dominancia de C. *erectus* pueden localizarse en los ecotonos o zonas de transición con otros tipos de vegetación, en áreas de pavimento cársico e incluso sobre carso desnudo.

Fig. 3 Manglar característico de la cayería.

En los cayos de mayor tamaño, existen diferencias en las características generales de los bosques de mangles situados en las costas norte y sur. Al norte se localizan bosques con dominancia de *R. mangle* en la primera línea de costa, así como en los bordes de los canales y esteros; sus valores de salinidad varían entre 37 y 45 %. Detrás de esta primera línea puede establecerse un bosque de *A. germinans* o mixto, que puede alcanzar alturas de 8 a 10 m, a diferencia de otros sitios en la isla de Cuba donde los bosques de mangle s reciben un flujo continuo de agua dulce y nutrientes provenientes de ríos (Menéndez & Priego, 1994).

En la costa sur de estos cayos, predominan, en la primera línea de costa, bosques de *A. germinans,* con alturas quevarían entre 5 y 6 m hasta bosques que alcanzan entre 8 y 10 m; esta especie soporta los mayores tenores de salinidad (Menéndez *et al.,* 2004). Los datos tomados en esta zona demuestran los elevados valores de este parámetro a los que están sometidos dichos manglares (entre 50 y 80 %). Por otra parte, la naturaleza de los sedimentos que conforman las costas de estos cayos se diferencia notablemente. Al norte hay un predominio de acumulación de turba sobre marga o arena fina, mientras que en la costa sur los sedimentos son fundamentalmente gruesos de origen conchífero, y por otra parte existen cienos sin estructuras, muy salinizados, lo que responde a las condiciones hidrodinámicas costeras caracterizadas por una baja energía comparada con la costa norte, donde estos procesos hidrodinámicos son más intensos.

Bosque semideciduo

En la descripción de la vegetación recogida por ICGC (1989) yACC & ICGC(1990a, b y e) para estos territorios insulares, el bosque semideciduo se describe solamente para las colinas de los cayos Sabinal, Guajaba, Romano, Las Brujas, y en las alturas residuales de los llamados Cayos de Piedra, denominando como siempreverde micrófilo al bosque presente en las llanuras cársicas de los cayos, fundamentalmente los de mayor tamaño.

Según Capote & Berazaín (1984, 1989), el bosque siempreverde micrófilo fue descrito para áreas sublitorales (monte seco) de los tramos costero Cabo Cruz-Maisíy de Guantánamo-Maisí, y en el resto del país lo que existe es un semideciduo mesófilo xerofítico.

Posiblemente la rapidez con que fue realizado el trabajo de campo para esta monografía no posibilitó un análisis más profundo en cuanto a las características de estos bosques; sobre todo, teniendo en cuenta que entre las formaciones arbóreas, los bosques siempreverdes y los semideciduos, presentan similitudes, reconocidas por diversos autores y tratadas con diferentes enfoques (Ciferri, 1936, Beard 1944, Walter, 1962, Dansereau, 1966 y Borhidi, 1991; 1996).

Fig. 4 Bosque semideciduo micrófilo.

Por otra parte, las diferencias entre estos bosques, según criterios de Capote & Berazaín (1984; 1989), se basan en los porcentajes de caducidad entre los árboles, lo que puede resultar confuso en las evaluaciones de campo, fundamentalmente, si se realiza en una sola época del año, debido a que la composición ftorística es similar en ambos tipos de bosques. Con posterioridad, como resultado de investigaciones más amplias, se denominó como semideciduo al bosque presente en las llanuras cársicas de los cayos (Alcolado *et al.,* 1999; Menéndez & Guzmán, 2006; 2007).

El bosque semideciduo tiene amplia distribución. Ocupa generalmente las llanuras cársicas de la parte central de los cayos de mayor superficie, y presenta una elevada diversidad ftorística, así como presencia de especies endémicas. En estas llanuras cársicas, el bosque puede alcanzar de 12 a 15 m de altura, con abundancia en el estrato arbóreo de *Bursera simaruba* (almácigo), *Coccoloba diversifolia* (uvilla), *Lysiloma latisiliqua* (soplillo),*L.sabicú* (sabicú), *Krugiodendron ferreum* (carey de costa), *Metopium toxiferum* (guao de costa),

En las colinas es abundante la especie arbórea *Oxandra lanceolata* (yaya),aunque también puede estar presente en las llanuras cársicas. El estrato arbustivo, con diferentes grados de densidad, está conformado por *Eugenia axillaris* (guaíraje), *E. maleolens* (guairaje), *Crossopetalun rhacoma, Bourreria ovata, Reynosia septentrionales, Zanthoxylum fagara,* (amoroso), entre otros. En el estrato herbáceo se encuentran fundamentalmente plántulas del estrato arbóreo, y hierbas como *Lasiacis divaricata* (pitillo de monte), *Arthostylidium capillifolium* (tibisí), *Scleria lithosperma, Zamia debilis, Paspalum insulares,* y la orquídea terrestre *Oeceoclades maculata* (oreja de burro). Laslianas están representadas fundamentalmente por especies de los géneros *Passiflora, Smilax* y *Jacquemontia,* y las epífitas por los géneros *Tillandsia, Oncidium* y *Catleyopsis.*

Fig. 5 Detalle del bosque semideciduo micrófilo.

En cayo Santa María el bosque semideciduo de desarrolla en la porción este del cayo, sobre carso mayormente desnudo o rendzinas, en llanuras, o sobre terrazas de poca altitud, y se caracteriza por su gran abundancia de epífitas, fundamentalmente del género *Tillandsia.* La altura del dosel del bosque es de 6 a 8 m, con abundancia de *B. simaruba,* C. *diversofolia, Erythroxylum rotundifolium, Eugenia rhombea, Guaiacum sanctum,* M. *toxiferum, Amyris elemifera, K. ferreum.* En el estrato arbustivo puede encontrase *Capparis cynophalophora,* C. *grisebachii, Rivina humilis.*

El estrato herbáceo se encuentra poco representado con L. *divaricata* y o. *maculata,* además de la presencia de plántulas pertenecientes a especies propias del estrato arbóreo.

Matorral xeromorfo costero

Los matorrales xeromorfos cesteros, sobre arena o sobre carso, están bien representados en todo el territorio insular. La diferencia de sustrato condiciona diferentes comunidades tanto por la fisionomía de la vegetación, como por la composición florística. El matorral sobre sustrato arenoso presenta menor grado de xeromorfía, y es posible identificar dos tipos, uno sobre las dunas bajas, caracterizado por abundancia de agaves, arbustos y hierbas, y alturas de la vegetación de 3 a 4 m.

Los matorrales sobre carso presentan una mayor xeromorfía, con abundancia de cactáceas columnares y arbustos espinosos y poseen una elevada diversidad florística y abundancia de especies vegetales endémicas; la vegetación puede alcanzar hasta 3 m de altura y generalmente es muy densa, con presencia de palmas y profusión de orquídeas.

Se localizan otras variantes fisionómicas de matorrales xeromorfos sobre carso. En Santa Maria se encontraron, sobre carso desnudo, algunos parches de un matorral abierto, con 60 % de cobertura, y 3 m de altura, con abundancia de cactáceas y suculentas, un elevado número de especies (80) y 9 endemismos, entre estos, *Bonania spinosa, Pilosocereus robinii* y *Cameraria oblongitolia. A. offoyana,* está bien representado así como arbustos espinosos como *Belairia spinosa,* y *Catesbaea spinosa,* entre otros, así como hierbas, lianas y epífitas. En algunos sitios de la cayería, se encontraron parches de un matorral xeromorfo abierto, también carso desnudo; las plantas se establecen en las pequeñas oquedades del carso y fueron identificadas 104 especies.

Fig. 6 El maguey (*Agave fulcroydes*).

En las costas sobre lenar se localiza un matorral xeromorfo costero sobre carso desnudo, agujeros de disolución de diversos tamaños y sometido a inundaciones temporales y estacionales relacionadas con el periodo lluvioso. Este matorral es abierto, con 60 % de cobertura.Ày altura de unos 3 a 4 m, y con abundancia de plantas suculentas con microfilía y espiniscencia.

Entre ellas abunda el cactus columnar *Pilosocereus millsphaughii*, y están presentes las especies *Agave fulcroydes, B. spinosa, B. ebenus, O. dillenii, Selenicereus grandiflorus, Neobracea bahamensis, C. spinosa, Tabebuia myrtifolia, Maytenus buxifolia, Cameraria microphyla, C. rhacoma, R. aculeata* y *Gyminda latifolia*, entre otras. Este matorral constituye una matriz con parches dispersos de vegetación más alta, en los sitios más elevados, donde se acumula mayor cantidad de materia orgánica, con árboles que alcanzan alturas de hasta 8 m, fundamentalmente, de *S. palmetto, B. spinosa*

22

y *B. subinermis* (júcaro), C. *diversifolia* y C. *erectus,* así como abundancia de epifitas, entre ellas, *Tillandsia usneoides* le confiere a estos parches de vegetación una fisonomía particular, también se identificaron T. *recurvata,* T. *fasciculata,* T. *flexuosa, Encyclia phoenicia* y *Cattleyopsis lindenii* (Menéndez & Guzmán, 2006).

Complejo de vegetación de costa arenosa y rocosa

Es frecuente el complejo de vegetación de costa arenosa con especies rastreras, pequeños arbustos y hierbas como *Ipomea pes-caprae, Canavalia rosea, Uniola paniculatra, Iva imbricata, Suriana maritima* y *Heliotropium gnaphalodes.*

En las costas rocosas y acantiladas se desarrolla el complejo de costa rocosa con la presencia de especies suculentas y arbustos que pueden presentar formas muy achaparradas como *Chamaesyce buxifolia, Rachicallis americana* y *Borrichia arborescens,* entre otras.

Vegetación secundaria y plantaciones

Debido a las acciones encaminadas al desarrollo socioeconómico que se han realizado en estos territorios, tanto históricos como actuales, se han establecido comunidades ruderales y de plantas exóticas. La especie exótica más extendida en gran parte del archipiélago es *Manguifera indica* (mango) y *Anacardium occidentale* (marañón).

Ocupando en gran medida las dunas al norte de la cayería, existen plantaciones de *Cocos nucifera* (cocotero), especie también presente en otros cayos.

La vegetación actual de los cayos es variada, con abundantes bosques, entre los que se destacan los manglares con variantes florísticas y fisionómicas, los bosques semideciduos y los siempreverdes, así como los matorrales xeromorfos costeros sobre sustrato arenoso y sobre carso.

METODOLOGÍA GENERAL

El Archipiélago de Sabana-Camagüey (ASC), conocido también como Jardines del Rey, se extiende paralelo a las costas de las provincias de Matanzas, Villa Clara, Sancti Spíritus, Ciego de Ávila y Camagüey; desde la península de Hicacos, hasta la punta de Prácticos en la bahía de Nuevitas. Su longitud aproximada es de 470 km, y está conformado por una hilera de cayos y cayuelos, en grupos o aislados, que se asientan sobre una plataforma común de poco fondo y están separados entre sí por numerosos canales y canalizas, los cuales permiten el acceso por mar a las costas de la isla de Cuba. Entre los cayos y la costa firme se forman extensas áreas de agua poco profundas denominadas bahías, entre ellas: la de Santa Clara, de Carahatas, de Buena Vista, de Jigüey, de Gloria y de Nuevitas (CNNG, 2000).

Por su extensión y características geológicas, este archipiélago se divide en dos partes, una occidental (Archipiélagode Sabana), compuesta por cayos y cayuelos en grupos aislados, llanos, bajos y cubiertos de mangles, bordeados muchos de ellos, por el norte, por una barrera de arrecifes coralinos; y una oriental (Archipiélago de Camagüey) formada por una serie de cayos rocosos, con costas llanas, extensas playas y numerosos tipos de formaciones vegetales. Estos cayos poseen una variada y bien conservada diversidad de formaciones vegetales, entre los que se pueden citar cayos de pequeño y mediano tamaño, como: Santa María, Ensenachos y Las Brujas, y de mayor extensión como: Coco, Romano, Guajaba y Sabinal; todos ellos de gran importancia por su desarrollo turístico.

En este territorio no existen asentamientos poblacionales, y las principales actividades desarrolladas en el pasado fueron la pesca y la forestal para la producción del carbón, ya que los cayos no tienen condiciones para la agricultura. Ello ha favorecido su estado favorable de conservación actual, lo que constituye una oportunidad para la protección natural del patrimonio natural y un desarrollo sostenible del turismo.

En este territorio se concentra una apreciable variedad de endemismos vegetales y animales, valores paisajísticos, arqueológicos y culturales. Es una zona de gran importancia en los procesos biogeográficos relacionados con la diversidad biológica en el Gran Caribe septentrional; sobresalen entre ellos los eventos migratorios de varias especies de aves, tortugas y peces (tiburones, túnidos, etc.), además de albergar, metapoblaciones de arrecifes y pastos marinos (Alcolado *et al., 2007).*

El ASC ha sido objeto de varias designaciones con fines conservacionistas. Por sus valores naturales y grandes recursos de biodiversidad, fue declarado por el Ministerio de Ciencia Tecnología y Medio Ambiente de Cuba, como Área de Gran Prioridad para la Conservación.

Fue reconocido por la Organización Marítima Internacional como Área Marina Sensible Protegida, se identificó entre las tres principales Áreas Claves para la Conservación de la Biodiversidad en Cuba (KBAs, por sus siglas en inglés, primer Taller Nacional organizado por Bird Life International y el Centro Nacional de Áreas Protegidas). Además, está declarado como Región Especial de Desarrollo Sostenible.

La fauna terrestre presente en el ASC, de acuerdo con los datos publicados (Rodríguez Batista *et al.,* 2007 y Rodríguez-León *et al.,* 2007), asciende a 1023 especies de invertebrados (878 especies de insectos, 75 de arácnidos y 70 de moluscos) y 316 de vertebrados (242 especies de aves, 37 de reptiles, 27 de mamíferos,10 de anfibios) e involucra solo a 75 cayos del total que conforman este archipiélago.

Como resultado de la revisión exhaustiva de la literatura (publicada e inédita) de las colecciones zoológicas depositadas en el Instituto de Ecología y Sistemática, y del análisis y procesamiento de los datos de campo obtenidos en investigaciones recientes, se eleva considerablemente el conocimiento acerca de la diversidad biológica de la fauna terrestre de los Cayos de Piedra, que se expresa, en el incremento del número de cayos con registros de fauna en 35,89 %, de las especies de invertebrados, en 38,81 % y de vertebrados en 6,5 %. Los resultados integrados sobre las características de las comunidades faunísticas, el uso del hábitat, la biogeografía y el estado de conservación de la fauna son novedosos y sirven de base para estudios futuros en este territorio.

Para la elaboración de las listas de especies de la fauna terrestre por cayos, se realizó una revisión exhaustiva de la literatura publicada, de los trabajos inéditos y del material depositado en colecciones zoológicas nacionales. Como resultado se registraron especies de las clases: Arachnida, Insecta, Gastropoda, Amphibia, Reptilia, Aves y Mammalia.

La información obtenida se introdujo en una base de datos (Microsoft Access) que recoge la información taxonómica de cada especie, categorías de endemismo, amenaza, distribución espacial y temporal e importancia económica. En el caso de las aves (terrestres y acuáticas), se adicionó la categoría de permanencia y los gremios tróficos de las especies. Se incluyó, además, la información correspondiente a cada registro, la cual contiene el nombre y coordenadas centrales del cayo, hábitat y fuente de referencia (CENDA, 2009). Esta información se utilizó para la confección de los anexos que tratan la distribución y composición de las especies por grupo, y en la discusión de los resultados de los artículos científicos.

El endemismo nacional, regional y local, se definió sobre la base de los criterios de Llanes et al. (2002):

Endemismo Nacional (EN): habitan en todo o casi todo el archipiélago cubano, Endemismo Regional (ER): habitan en una de las regiones geográficas del archipiélago cubano (occidental, central u oriental) y Endemismo Local (EL): habitan en una o pocas localidades próximas entre sí.

Utilizando la información disponible sobre la vegetación y otros componentes del paisaje (Menéndez et al., Noa et al., 2001, García Lahera et al., 2007), así como, la experiencia de campo de los autores.

La caracterización de las comunidades faunísticas se llevó a cabo en 50 sitios o hábitats que involucraron siete (7) tipos de formaciones vegetales y ocho (8) cayos de este microarchipiélago.

Los muestreos cuantitativos de los grupos de invertebrados se llevaron a cabo, incluyendo los hábitats de bosque semideciduo, matorral xeromorfo costero (sobre carso y arena), vegetación de costa arenosa y vegetación de ciénaga. Por su parte, los vertebrados se muestrearon, se incluyeron hábitats de bosque semideciduo, bosque siempreverde, matorral xeromorfo costero (sobre carso y arena), matorral xeromorfo subcostero, bosque de mangle mixto, bosque de mangle rojo, yanal, lagunas de agua salada y playas. En ambos casos se informan las fuentes de referencia que proporcionaron los datos originales para la integración y análisis de los resultados.

Los métodos de muestreo empleados para determinar la riqueza y abundancia de las especies de fauna, se correspondieron con los de captura o conteo de individuos, tradicionalmente empleados con estos fines.

Además, para clasificar las especies de acuerdo con sus categorías de distribución (espacial y temporal) y de abundancia, fueron agrupadas en rangos. Por último, los muestreos de la vegetación en los hábitats, donde se caracterizaron las comunidades faunísticas, se realizaron siguiendo las metodologías propuestas por James y Shugart (1970) y Noon (1981). En los análisis se consideraron las variables:

ÅDensidad del sotobosque (ram),

ÅDiámetro de los árboles a la altura de 1,3 m (daS:

3,1-8 cm; daA: 8,1-15 cm; daB: > 15,1-23 cm y

daC+D: 23,1-53 cm).

ÅCobertura del dosel (dos).

Cobertura del suelo (sue).

ÅCobertura de rocas (pie).

ÅAltura del dosel (alt).

ÅCobertura vertical del follaje: (f1: 0-0,3 m; f2: 0,3-1 m;
f3: 1-2 m y f4: 2-3 m).

ÅDispersión de árboles (dis).

ÅProfundidad de hojarasca (hoj).

ÅDensidad de curujeyes (cur).

En la realización de los inventarios faunísticos se empleó la metodología desarrollada por Mancina, C. A., y D. D Cruz Flores (Eds.). 2017. *Diversidad biológica de Cuba: métodos de inventario, monitoreo y colecciones biológicas*; aplicada a cada grupo zoológico inventariado en particular.

RESULTADOS Y DISCUSIÓN

Fauna de los Cayos de Piedra

El poblamiento animal de esta pequeña área es el resultado de la influencia del conjunto de factores naturales antes mencionados, que permiten el desarrollo de una fauna muy peculiar donde se registran (de los grupos focales seleccionados) 459 especies, pertenecientes a 365 géneros y 196 familias. Los invertebrados están representados por 288 (62.7%) especies y los vertebrados 171 (37.3%). Entre los taxones mejor representados se destacan: **INSECTA** con 158 especies (34.4%) y **AVES** con 118 (25.7%), seguidos por los **ARACHNIDA** 55 (11.9 %), **MOLLUSCA** 29 (6.3 %).

Tabla 2. Riqueza en cada uno de los grupos taxonómicos.

Taxa	Familias	Géneros	Especies
PLATYHELMINTHES	6	8	10
NEMATODA	4	7	7
MOLLUSCA	15	24	29
ANNELIDA	1	1	1
CRUSTACEA	17	20	21
ARACHNIDA	30	44	55
CHILOPODA	4	5	5
DIPLOPODA	2	2	2
INSECTA	58	130	158
AMPHIBIA	3	3	6
REPTILIA	7	13	22
AVES	41	91	122
MAMMALIA	8	17	21
TOTAL	196	365	459

Por cayos, la riqueza de especies, se comporta de la siguiente manera: Cayo Caguanes (409 especies), Palma (165), Cayo Salinas (155), Cayo Lucas (151), Cayo Fábrica (131), Cayo Aguada (122), Cayo Cuevas (98), Cayo Obispo (93), Cayo Ají (88), Cayo Ajicito (66) y Cayo Ermita (58). El mayor valor le corresponde a Cayo Caguanes, que es a su vez el más extenso territorialmente y esta mas cercano a tierra firme. En sentido general la riqueza de especies se correspondió con la extensión territorial de estas ínsulas (Tabla 3).

Tabla 3. **Distribución de la fauna por cayos.**

Taxa	Ag	Lc	Sn	Fc	Cv	Aj	At	Er	Ob	Cg	Pm
PLATYHELMINTHES	0	0	0	0	0	0	0	0	0	10	0
NEMATODA	0	0	0	0	0	0	0	0	0	7	0
MOLLUSCA	11	10	16	15	12	9	6	5	12	20	16
ANNELIDA	0	0	0	0	0	0	0	0	0	1	0
CRUSTACEA	4	4	5	4	4	4	4	4	4	20	4
ARACNIDA	5	5	5	5	4	3	3	2	2	48	7
INSECTA	34	40	46	41	33	32	30	30	35	151	51
AMPHIBIA	0	1	1	0	0	0	0	0	0	5	1
REPTILIA	5	6	8	7	5	4	2	2	4	22	5
AVES	60	83	69	57	38	34	20	15	35	104	75
MAMMALIA	3	2	5	2	2	2	1	0	1	21	6
TOTAL	122	151	155	131	98	88	66	58	93	409	165

MOLLUSCA

El resultado más alto de la riqueza en este grupo zoológico corresponde a Cayo Caguanes con 20 especies, seguido por Palma y Salinas, con 16, Fábrica con 15, Cuevas y Obispo 12. Las cifras más bajas le corresponden a: Ají (9), Ajicito (6) y Ermita (5). Resultados que en sentido general muestran relación con sus extensiones territoriales.

Las especies, por hábitat, se distribuyen de la siguiente forma: las petrícolas, específicamente sobre farallones calizos: *Troschelviana hians*, todas las especies del género *Opistosiphon* (Fig. 5), *Centralia mayajiguensis*, *Microceramu* sp, *Torrecoptis restiscostata*, *Torrecoptis parvula* y *Torrella* sp; las especies que viven generalmente en el suelo, debajo o entre la hojarasca, rocas sueltas y troncos caídos. *Lucidella rugosa*, *Lacteoluna selenina*, *Obeliscus homalogyrus*, *Subulina octona*, *Hojeda boothiana*, *veronicella cubensis*, *Oleacina straminea*, *Oleacina sp*, *Zachrysia auricoma*, *Zachrysia trinitaria* y *Emoda submarginata*, las seis últimas con mayor rango de distribución, pues utilizan varios substratos durante la noche o en días húmedos y las especies arborícolas: *Helicina adspersa*, *Liguus fasciatus*, *Cisticopsis sp* y *Eurycamta supertexta*.

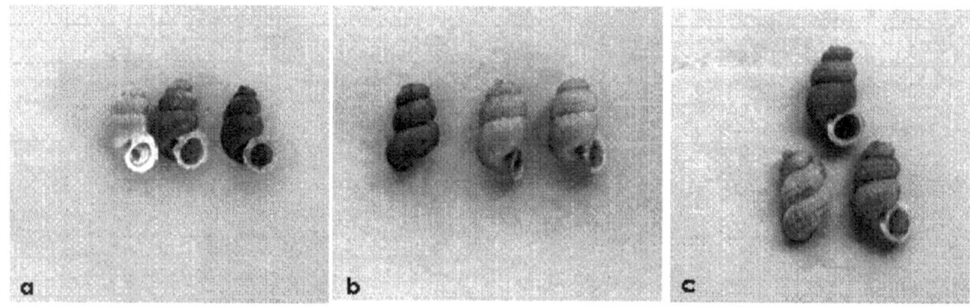

Fig. 2 a) *Opistosiphon insulanum*, b) *Opistosiphon caguanense*, c) *Opistosiphon defectum*

Fig. 7 Endémicos locales estrictos de Los cayos de Piedra.

Se incluye en este estudio al molusco fluvial *Physa cubensis*, citado por Silva (1988), para la Cueva Grande de Caguanes, fundamentalmente en su lago freático. En la lista se incluyeron los moluscos marinos: *Littorina ungulifera* y *Melampus coffeus*, pues los mismos ocupan los troncos y raíces del manglar pudiendo utilizarse como bioindicadores en futuras evaluaciones ecológicas.

ARACHNIDA

Este grupo está representado por un total de 55 especies, pertenecientes a 44 géneros y 30 familias. Entre las especies más conocidas se encuentran: *Citharacanthus spinicrus* (Araña peluda), *Latrodectus mactans* (Viuda negra) observada solamente en Cayo Caguanes debajo de rocas, próximo a la casa de guardaparques, así como *Paraphrynus viridiceps*, *Cinorta sp*, (Opilión),

Centruroides gracilis (Alacrán negro), *Centruroides anchorellus* y *Rhopalurus junceaus* (Alacrán rojo). Todas estas especies ocupan hábitat oculto, en cuevas, debajo de rocas, hojas de plantas u otros objetos caídos en el suelo, y su actividad es generalmente nocturna.

Fig. 8 *Citharacanthus spinicrus* (Araña peluda).

Del total de arácnidos, 34 fueron citadas por Silva (*op cit.*) en las cuevas de Cayo Caguanes; como dato importante se cita al uropígido, *Mastigoproctus baracoensis* para las cuevas: Colón y del Túnel, hasta hace poco distribuido exclusivamente en Santiago de Cuba. Según el autor antes mencionado las especies: *Anopsicus cubanus, Anopsicus silvai, Pseudocellus silvai, Chiroptonyssus venezolanus, Chiroptonyssus cubensis, Antricola silvai* y *Tectumpilosum negreai*, representan especies solo observadas en cuevas de este cayo. El grupo en sentido general merece ser estudiado con mayor profundidad.

INSECTA

Representa uno de los grupos más heterogéneos, hasta el presente constituido por 15 órdenes, 58 familias, 130 géneros y 158 especies. Las familias que mayor número de especies exhiben son: **LIBELLULIDAE** (15), **HESPERIDAE** (12), **PIERIDAE** (10), **FORMICIDAE** (9) y **NIMPHALIDAE** (7).

Los lepidópteros aportan un valor de riqueza considerablemente elevado, pues se registran para el área 46 especies, de ellas 43 son **Rhopaloceras.** Algunas especies como: las del género *Danaus, Eumaeus atala, Strymon columella, Strymon martialis, Achlyodes thaso, Cymaenes tripunctatus y Heraclide caiguanabus*, pueden considerarse raras, pues se observaron con poca frecuencia; y la especie *Heurytides celadon,* que aparece en el área durante la etapa del verano y desplazándose frecuentemente sobre la vegetación de matorrales. Resalta además la especie *Brephidium exilis isophtalma,* observada en los cayos Aguada, Lucas, Salinas y Fábrica, fundamentalmente sobre *Battis maritima, Sesubium portulacastum* y *Salicornia perennis* considerada una de las Rhopaloceras más pequeñas del mundo.

Fig. 9 Insecto de Los Cayos de Piedra.

Los odonatos constituyen otro taxon que resaltan por su forma y comportamiento; sus especies se relacionan en gran medida con los distintos acuatorios, observándoseles próximos a las orillas de estos y también en los márgenes de caminos y sobre la vegetación costera; se citan para el área 16 géneros y 24 especies. Las especies que se observan con mayor frecuencia fueron: *Erythrodiplax umbrata, Erythemis plebeja, Erythemis vesiculosa y Orthemis ferruginea.*

CRUSTACEA

Se citan 21 especies, pertenecientes a 20 géneros y 17 familias. En la lista aparecen 16 especies que fueron referidas por Silva (*op cit.*), y forman parte de la fauna cavernícola. Importantes son los registros de las especies: *Speleomysis nuniezi, Cyathura specus, Trichorbina heteropthalma* (**ISOPODA**) *y Hyalella azteca* (**AMPHIPODA**), que según el anterior autor y García *et al.* (1997), en Cuba hasta el presente sólo se presentan en cayo Caguanes.

Entre las especies de crustáceos más comunes se encuentran: el macao terrestre (*Cuenobita clypeatus*), el cangrejo blanco (*Cardisoma guanhumi*), el cangrejo violinista (*Ucxa rapax*), específicamente en el manglar y el cangrejo de las piedras (*Grapsus grapsus*), en áreas de costa rocosa, curioso por sus desplazamientos rápidos sobre las rocas.

AMPHIBIA

Se registran para el área, seis especies distribuidas en tres familias de Annura representadas en Cuba: **BUFFONIDAE** (1), **HYLIDAE** (1) y **LEPTODACTHYLIDAE** (4). En sentido general se puede decir que la riqueza de especies es baja. Dentro de las especies más comunes y conocidas se encuentra la rana platanera (*Osteopilus septentrionalis*) y el sapo común (*Bufo peltacephalus*). Entre las ranitas se citan: *Eleutherodactylus greyi, Eleutherodactylus planirrostris caspari* y *Eleutherodactylus thomasi trinidadensis*, endémico de la provincia de Sancti Spiritus y que fue citado también por Garrido y Jaume (1984). Se colectó una especie de este género en Cayo Salinas que aún no ha sido identificada.

Fig. 10 *Eleutherodactylus thomasi trinidadensis*, endémico de la provincia de Sancti Spíritus.

REPTILES

Fueron inventariadas 22 especies pertenecientes a 7 familias y 13 géneros (Tabla 1). Los grupos más numerosos fueron **IGUANIDAE** con 10 especies (45 %) y el género *Anolis,* con 8 (61 %). Resaltan en este taxon: *Anolis jubar yaguajayensis*, endémico que se distribuye en las alturas cársticas desde Caibarién (Villa Clara) hasta Yaguajay, incluyendo los Cayos de Piedra, según Garrido y Jaume (*op cit.*). La misma fue observada en todos los cayos, formando poblaciones numerosas, habitando, los bosques: semideciduo, secundario y matorrales y *Anolis homolechis,* observado exclusivamente en cayo Caguanes, aspecto que corrobora lo planteado por Hernández *et al.* (1990).

Se destacan también: el coronel (*Anolis lucius*), que sobresale por su diseño de coloración y comportamiento; vive preferentemente en cuevas, sobre paredones y rocas calizas o utilizan ocasionalmente troncos de árboles

Fig.11 Majá amarillo o bobo (*Tropidophis melanurus*).

cercanos a los paredones (Rodríguez y Valderrama, 1986). Una especie interesante por su forma y rudimentarias patas, resulta la culebrita de cuatro patas (*Diploglossus delasagra*), habitante de los bosques preferentemente debajo de la hojarasca. El grupo además está compuesto por otras especies como: *Anolis equestris* (Chipojo verde), ocupante de los estratos superiores del bosque y que por el mediodía descienden hasta ocupar las partes más bajas; *Anolis allisoni*, *Anolis porcatus* y el Lagarto chino (*Anolis sagrae*), lagartos muy asociadas a vegetación secundaria; *Anolis angusticeps,* en partes interiores del bosque, el majá de Santa María (*Epicrates angulifer*), el jubo (*Alsophis cantherigerus*), la culebrita (*Antillophis andreai*) y el Majá amarillo o bobo (*Tropidophis melanurus*), observados en varias ocasiones próximo a los caminos y dentro del bosque. Se registran además, el arrastrapanza (*Leiocephalus stictigaster*) y *Arrhyton taeniatum* para Cayo Caguanes, según Hernández *et al.* (*op cit.*). De considerable interés son las poblaciones de iguana (*Cyclura nubila*) (Fig. 3), presentes en estos cayos, más numerosas al parecer en: Aguada, Lucas, Salinas y Fábrica.

AVES

Se registran 122 especies distribuidas en 15 órdenes 41 familias, 91 géneros. El orden en que mayor número de familias (11) y especies (43) se registraron fue **PASSERIFORMES**. La familia **PARULIDAE** abarca el mayor número de géneros (10) y especies (16); integrada por especies migratorias invernales en su mayoría (tabla 2).

Fig. 12. La caretica *(Geothlypis trichas)*.

Por cayos, la riqueza de especies se comportó de la siguiente forma: Caguanes (104), Lucas (83), Palma (75), Salinas (69), Aguada (60), Fábrica (57), Cuevas (38), Obispo (35), Ají (34), Ajicito (20) y Ermita (15), este último con una riqueza muy baja debido al elevado nivel de antropización que elimino toda su cobertura forestal.

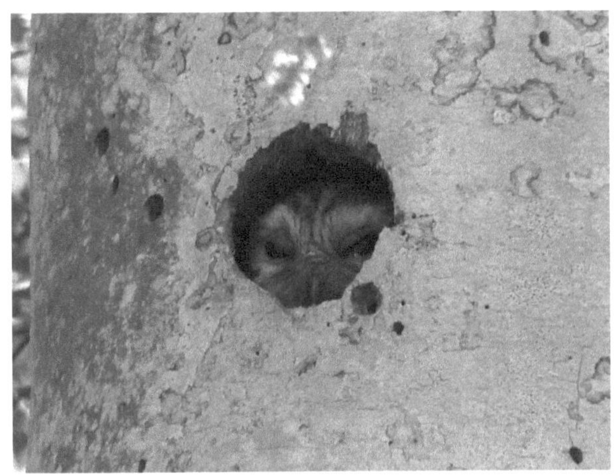

Fig. 13 Sijú Cotunto *(Otus lawrencii).*

En el caso específico de este grupo, para el área se registraron 53 especies residentes permanentes en Cuba, 43 residentes invernales, 21 residentes bimodales, 4 residentes de verano y 3 transeúntes. Se citan además 78 especies que crían en Cuba. Una especie, la Siguapa (*Asio stygius siguapa*) se registra por primera vez para el área, en Cayo Salinas, en el bosque semideciduo.

Los ciconiformes están representado por 13 especies, destacándose dentro entre ellas: los cocos (*Plegadis falcinellus* y *Euducimus albus*), la Sevilla (*Ajaia ajaja*) y el Flamenco (*Phoenicopterus ruber*), con poblaciones bastante numerosas, que generalmente se concentran en los cayos: Salinas; Fábrica y Cuevas.

Fig. 14 Flamenco (*Phoenicopterus ruber*), con poblaciones bastante numerosas, que generalmente se concentran en los cayos.

En los falconiformes sobresalen cinco especies: el Guincho (*Pandion haliaetus*), el Cernícalo (*Falco sparverius sparveroides*), el Halconcito de palomas (*Falco columbarius*), el Halcón de patos (*Falco peregrinus*) y la Caraira (*Caracara plancus*), las tres últimas observadas con mayor frecuencia en Cayo Caguanes.

Fig. 15 El Cernícalo (*Falco sparverius sparveroides*).

Dentro de los columbiformes se destacan las poblaciones bastante numerosas de la Torcaza cabeciblanca (*Columba leucocephala*), que según entrevistas realizadas a pobladores de Yaguajay que visitan estos cayos con gran frecuencia, vienen al territorio a nidificar.

Fig. 16 El alcatraz *(Pelecanus occidentalis).*

MAMÍFEROS

Las 21 especies de mamíferos se distribuyen en 8 familias y 17 géneros. De forma general se aprecia en todo el grupo insular baja riqueza de especies, excepto en Caguanes, en el cual se han registrado hasta el presente 17 especies de quirópteros (Hernández, 2008), que utilizan distintas cuevas de su sistema cavernario, considerado entre los más importantes de Cuba.

Se destacan especies con elevado gregarismo, que forman grandes colonias, como: *Phyllonycteris poeyi* (que vive exclusivamente en cuevas calientes) y *Pteronotus parnelli*, que habitan trampas térmicas, como las que existen en la cueva de Colón.

Es meritorio resaltar otras dos especies que por sus características y comportamiento, tienen gran importancia para el área: el murciélago pescador (*Noctilio leporinus mastivus*) considerado el más grande de los murciélagos cubanos, localizado en la cueva Grande de Caguanes y el murciélago mariposa (*Nyctiellus lepidus*), por tratarse del más pequeño de los quirópteros de Cuba y su vuelo errático que semeja a una mariposa; este ha sido observado en: Cueva Grande; Cueva del Pirata, Cueva de Ramos, Cueva de Las Conchas, Cueva de Humboldt, Cueva de Sandalio Noda y Cueva de Las Tres Dolinas, todas en Caguanes, en esta última se encuentra la colonia más numerosa e interesante del área, con decenas de miles de individuos que viven en una pequeña y estrecha galería, según Hernández *et al.* (*2006*).

Fig. 17 El murciélago pescador (*Noctilio leporinus mastivus*) considerado el más grande de los murciélagos cubanos.

Se registran tres especies de mamíferos del orden RODENTIA: *Capromys pilorides*, con poblaciones en Cayo Caguanes, Palma, Obispo, Ají y Ajicito, (Hernández *et al. 1990*), sin embargo en entrevistas realizadas a personas que visitan los cayos con bastante regularidad se plantea que en tiempos pasados existían en casi todos los cayos, no obstante en la actualidad solamente quedan en los dos primeros cayos. Las otras dos especies son el guayabito (*Mus musculus*) y la rata (*Rattus rattus*), registrados para los cayos: Lucas, Salinas, Fábrica, Caguanes y Palma.

Endemismo

Se registran para toda el área 84 formas endémicas. Del total de endémicos, 22 son moluscos (26.2 %), 21 aves (25.0 %), 14 reptiles (16.6 %),11 arácnidos (13.1 %), 7 insectos (8.3 %), 3 anfibios (3.6%), 2 crustáceos (2.4 %) y 2 mamíferos (2.4 %).

Especies amenazadas

En la lista (Anexo 1) se indica el *estatus* de las especies que se encuentran categorizadas según IUCN (Perera *et al.* 1994). Un total de 8 especies están incluidas en alguna de estas categorías entre ellas: como Vulnerables se incluyen: 2 reptiles: el majá de Santa María (*Epicrater angulifer*) y la iguana (*Cyclura nubila*); 5 aves: el Flamenco (*Phoenicopterus ruber*), la Yaguasa (*Dendrocygna arborea*), la Caraira (*Caracara plancus*), la Siguapa (A*sio stygius*) y la Mariposa (*Paserina ciris*) y un quiróptero (*Phyllonycteris poeyi*).

CITES

Un total de 13 especies se encuentran incluidas en algún apéndice de CITES, dos especies en el Apéndice I: *Cyclura nubila* y *Falco peregrinus* y 11 en el Apéndice II: *Epicrater angulifer, Caracara plancus, Phoenicopterus ruber, Buteogallus antracinus, Buteo jamaicensis, Pandion haliaetus, Falco sparverius, Tyto alba furcata, Glaucidiun siju, Gimnoglaux laurencii* y *Asio stygius.*

REFERENCIAS

Armas, L. F. de y A. Juarrero 1999. Sistemática de la familia Delatorreidae (Isopoda: Oniscidae) en Cuba. AVICENNIA, 10-11: 1-42.

Blanco, P., D. Zúñiga, R. Gómez, E. Socarrás, M. Suárez y F. Morera 1996. Aves del sistema insular Los Cayos de Piedra, Sancti Spíritus, Cuba. OCEÁNIDES, 11(1): 49-53.

Colectivo de autores. 1994. *Estudio geográfico integral del municipio de Yaguajay, Sancti Spíritus, Cuba.* GEOCUBA, Santa Clara, 157 pp.

Colectivo de autores. 2000. *Estudio geográfico integral de los Cayos de Piedra.* GEOCUBA, Santa Clara, 55 pp. Anexos.

Christenson, K., A. Hernández y J. M. Ramos. 2002. Cave and Bat Research in Cuba. Nittani Grotto News, 48(2): 24-43.

Christenson, K., A. Romero, A. Hernández, J. M. Ramos y A. Romero. 2001. Bat Research in the Caves of North-Central Cuba. NSS News, 46(12): 356-358.

Cruz Flores, D. D., D. Martínez Borrego, J. L. Fontenla y C. A. Mancina. 2017. Inventarios y estimaciones de la biodiversidad. Pp. 26-43. En: *Diversidad biológica de Cuba: métodos de inventario, monitoreo y colecciones biológicas* (C. A. Mancina y D. D. Cruz, Eds.). Editorial AMA, La Habana, 502 pp.

Hernández-Muñoz, A. 1989. Avifauna de los Cayos de Piedra, Archipiélago Sabana Camagüey. Cuba. (Informe Técnico) COMARNA - ACC. Sancti Spíritus (Inédito).

Hernández-Muñoz, A. 2003. Checklist of the birds of Caguanes National Park. Capitolio Travel and Cubanacan SA. Santa Clara, 8pp.

Hernández-Muñoz, A. 2008. Murciélagos de los Cayos de Piedra, Archipiélago Sabana Camagüey, Cuba. *CD-Rom Memorias de los Simposios Nacionales de Bioespeleologia*. Editorial Feijoo. Santa Clara, ISBN 979-959-250-315-1.

Hernández-Muñoz, A. y E. Acosta. 1990. *Caracterización ecológica de los Cayos de Piedra, Archipiélago Sabana Camagüey, Cuba.* Compilación sobre innovaciones y racionalizaciones de las BTJ ï ANIR. Centro Multisectorial de Información Científica y Técnica, Sancti Spíritus, Cuba. 88 p.

Hernández-Muñoz, A., K. Christenson, A. Romero y, J. M. Ramos. 2008. Expedición Quiropterológica Cubano-Americana BATS-2001. *CD-Rom Memorias de los Simposios Nacionales de Bioespeleologia*. Editorial Feijoo. Santa Clara, ISBN 979-959-250-315-1.

Hernández-Muñoz, A., H. Vela y J. M. Ramos. 2008. Zoomonitoreo de la población de *Noctilio leporinus* en la Cueva Grande de Caguanes, centro norte de Cuba. *CD-Rom Memorias de los Simposios Nacionales de Bioespeleologia*. Editorial Feijoo. Santa Clara, ISBN 979-959-250-315-1.

Hernández-Muñoz, A., J. E. de la Torre y F. Morera (1999): Ornitofauna de la porción espirituana del Ecosistema Sabana Camagüey. Cuba. *EL PITIRRE*, 12(1): 14.

Hernández-Muñoz, A., N. Pujol, F. Morera, G. Izquierdo y R. Hernández. 1994. Biogeografía de Yaguajay. Estudio Geográfico Integral del Municipio de Yaguajay. GEOCUBA, Santa Clara, 157 pp.

Hernández-Muñoz, A., J. I. Yera, C. M. Palau, J.B. Pérez, F. Morera, N. Pujol, E. Sánchez, A. Orozco, E. Pulido, J. M. Brito, J. Berdayes, H. Vela, L. Cañizarez y J. Chirino. 1995. *Biogeografía de Los Cayos de Piedra, Archipiélago Sabana Camaguey, Cuba*. Proyecto GEF-PNUD. Sancti Spíritus. Manuscrito.

Mancina, C. A., y D. D Cruz Flores (Eds.). 2017. *Diversidad biológica de Cuba: métodos de inventario, monitoreo y colecciones biológicas*. Editorial AMA, La Habana, 502 pp.

Núñez, A. 1982. *Cuba, la Naturaleza y el Hombre. Tomo I El Archipiélago.* Editorial Letras Cubanas, La Habana.

Ramos, J. M. 1999. Lista preliminar de los Odonatos *(Insecta: Odonata)* de los Cayos Caguanes y Palma, provincia Sancti Spiritus. *Cocuyo* 8: 2-3.

Sánchez, B., V. Berovides y A. González.1989. Aspectos ecológicos de la avifauna de la Área Natural Cayo Caguanes, Sancti Spíritus. Cuba. *Reporte de Investigación del Instituto de Ecología y Sistemática.*

Silva, G. 1979. *Los murciélagos de Cuba.* Editorial Academia. La Habana, 651 pp.

Silva, G. 1988. *Sinopsis de la espeleofauna cubana.* Editorial Científico-Técnica. La Habana, 144 pp.

Printed by Books on Demand GmbH, Norderstedt / Germany